光 明 城

LUMINOCITY

看见我们的未来

承孝相　建筑档案

承孝相 著　李金花 译

同济大学出版社
TONGJI UNIVERSITY PRESS　Youlhwadang

This book is published with the support of the Literature Translation Institute of Korea (LTI Korea).
本书得到韩国文学翻译院的出版资助

图书在版编目（ＣＩＰ）数据

承孝相建筑档案 /（韩）承孝相著；李金花译 . --
上海：同济大学出版社，2018.5
书名原文：Seung H-Sang Document
ISBN 978-7-5608-7694-8

Ⅰ.①承… Ⅱ.①承… ②李… Ⅲ.①建筑艺术 - 韩
国 Ⅳ.① TU-863.126

中国版本图书馆 CIP 数据核字 (2018) 第 013653 号

承孝相建筑档案
Seung H-Sang Document

出版人：华春荣
策　划：秦蕾 / 群岛工作室
责任编辑：杨碧琼
责任校对：徐春莲
装帧设计：付超
版　次：2018 年 5 月第 1 版
印　次：2018 年 5 月第 1 次印刷
印　刷：天津图文方嘉印刷有限公司
开　本：787mm × 1092mm 1/16
印　张：10.5
字　数：210 000
书　号：ISBN 978-7-5608-7694-8
定　价：128.00 元
出版发行：同济大学出版社
地　址：上海市四平路 1239 号
邮政编码：200092
"光明城"联系方式：info@luminocity.cn

序言

本书介绍的建筑作品是我过去二十五年工作成果的一部分。如果加上在金寿根建筑事务所工作的十五年，我从事该行业已有足足四十年了。这么说我的建筑履历着实不短。尽管如此，建筑设计对我来讲还不是十分有把握，每次都是抱着图纸到深夜，纠结来纠结去。可是即便如此，呕心沥血好不容易做出设计后，建造出来的成果，却经常让我大失所望。因此，将完工的建筑向世人展示，是一件很尴尬的事情，所以在过去的几年里我尽可能远离建筑媒体。其实心里明白这是不应该的。我一直主张建筑不是个人所有，而是属于公众，如果我的主张是得当的，那我的建筑也有义务接受公众的评判。这样的想法一直催促着我，它也是我无法再推迟出版本书的原因之一。建筑设计本身就是心底怀着对居住者的尊敬和爱，为人组织生活的工作，所以我不想把记录其结果的汇总取名为作品集。我决定称作建筑档案，也因为它的编辑风格更像一本手册。如果只是对过去工作的汇总，始终不是对读者的尊重，所以站在现在的角度重新梳理这些项目。但是，又觉得满是悔恨和借口，很是难为情。

建筑是过程的产物。虽然包括业主在内的所有人一贯抱怨我的拘执，但是为了关照将在我的建筑里生活的人应得到的和平和尊严，也无可奈何。但还是无比愧疚，并满怀感恩。假如这本书能得到哪怕一点点赞许，也应归功于他们。

承孝相

2015 年 12 月

图片提供

Kwon Tae-Gyun 41; Kim, Jong Oh 45, 49-51, 53-55, 57-59, 61-63,
65-67, 69-71, 73-75, 77-79, 82-85, 87, 89, 91, 95-97, 99-103,
105-107, 109-111, 113-115, 117-119, 121-123, 125-127, 129-131,
133-137, 139-141, 143-145, 147-149, 151-153, 155; Osamu Murai
12-27, 29-33; Moon Jung Sik 35-39; SOHO 中国 46, 47; 承孝相 81, 88;
履露斋 93, 159, 162; C3（Kim, Jong Oh）11, 43

目录

守拙堂
首尔
1992

名字取自成语"大巧若拙"（意为太多的技巧不如笨拙）的守拙堂，是《我的文化遗产寻访记》的作者俞弘濬教授的宅邸。这本后来成为世纪畅销书的著作就在作者乔迁新居的当天面世。当时业主提出的唯一要求就是要便宜，但是俞教授是知名的韩国美术史学家，他的宅邸自然要反映韩国传统之美。寻找很久以前失传的韩国传统房屋的脉络是那个时代建筑师们要承担的枷锁一般的课题，但直到20世纪90年代初仍没有答案。况且，这套房子所处的地区是江南区最先形成的典型的房地产大佬集聚区，"在那绿油油的草原上童话般的家"的迷惑下筑建起来的片区，这里并不是居民聚乐的地方，而只是房子并肩而聚之地。在分配到的四方的宅基地围上围墙，一角盖起"两层的法兰西小洋楼"，剩余空间铺上草坪，这种全新的住宅风格彻底摒弃了这片土地上延续几千年的居住方式，继而生活方式也变得生疏。家不是"房屋"，而是"空间"，但这里已被房屋为中心的西方观点迷惑了。

仅有两百多平方米的小地块，还是划出了三处不同的院子。正中央的院子的标高与起居室持平，地面也铺上起居室的木地板，模糊了内外的界线。三处院子均由建筑和围墙围绕筑成，拉长了房间和房间之间的距离，有些房间还必须从外面绕过才能进入，造成某些不方便。但就是因些不便，成为思考源头，营造家庭的温馨氛围，进而使生活更加滋润。

当时守拙堂成了舆论的热点，还登上中学教科书。评论内容大致上是韩国传统性和现代性完美结合的房屋，所采用的传统窗户纸和部分砖瓦围墙与现代材料的搭配非常到位等。其实不是。置身熟悉的老房子的感觉是由于，借用了看不见的传统老屋的构成方式来构建空间的效果而带来的。这是我提出"贫者之美"的概念并探索承孝相建筑方向的起步作品，所以这套房子成为起点，衡量我到底走过多远的路。

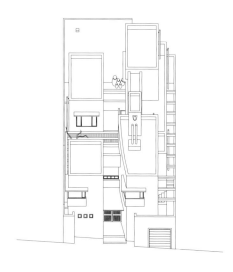

守白堂

京畿道南杨州

1998

位于首尔近郊京畿道的这套房背山面南，南侧有广阔的景观。周围已经有四套住宅，本地块位于越过这些住宅延伸至溪谷起始的地方。这块土地周围非常开阔，有必要先划定居住领域。恰巧已修建的筑台把土地一分为二，所以将这里包括其上的长 30 米、宽 15 米的构架设定为居住领域，之后营建十二间房。

我们传统的住宅没有一间房屋有指定的功能，都是根据位置被称为里屋、外屋和门房。摆上餐桌就是餐厅，铺上被褥就是卧室，支起书案就是书房，铺上毡垫就是牌九房。原来可以随心所欲改变房间用途，但因为受到 20 世纪 70 年代刮起的西方住宅之风的影响，现在卧室里一定是放了床，餐厅始终有餐桌，我们的生活变得目的性很强，空间观念也往功能化的方向发生了改变。

我想恢复传统空间概念，为想要脱离城市过自由生活的居住者构筑十二间房。其中五间是有屋顶的，其余的都向天空敞开。有些空间只能是餐厅或者浴室，但是除了这些功能，也能够使人在此驻足，与隔壁空间紧密连接起来。房间之间有些是填满水，有些是开满花，又有些空间是留白的。看似枯燥的居住空间里，从公职上隐退的先生和学过绘画的太太沉浸在投影到不同空间的自然的变化中，过着无比充实的日子，我就给他们赠予堂号"守白堂"。这栋房子入选 2010年纽约现代艺术博物馆的永久收藏品，展出了模型和图纸。

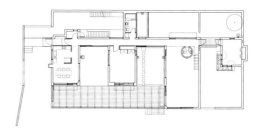

Welcomm City

首尔

1999

Welcomm 是"Well Communication"（良好沟通）的缩写，是一家由专业广告行业人士合伙设立的广告公司的名称。韩国大部分广告公司都隶属于大企业，但是 Welcomm 公司凭借自己的独创性独闯天下。既然他们擅长制作非同寻常的广告，那他们的办公楼设计自然也要带有独创性。

首尔其实是在山区形成的城市，平地不多，因此每个房子的建筑规模都大不了。很多小体块单元聚集的形态才是首尔固有的建筑风景。但是，20 世纪追随西方城市建在平地上的建筑风格，到处模仿地标性建筑，完全不考虑山地地形的特点，建造了一个个巨大的建筑，彻底破坏了城市合理的肌理。当然家大业大需要大楼，但是除了大型工厂或会议中心之外，办公一般都由较小的单元组成，所以只要构思巧妙就能保持小体块单元。况且，给定的地块长期分成几块基地与周围小体块形成组团，所以保持其风景更加稳妥。

由于相邻道路有坡度倾斜，用裙房部分打造水平面之后，在上面放置盒子，然后掏空中间的三个部分，通过这留白空间连接前后风景，此风景占据无目的留白空间，形成建筑的立面。因此，该建筑的重要功能就是城市的装置，所以更具有伦理性。裙房部分是修路的时候切开的地形，所以原本属于大地。裙房适合做会议室或展馆等公共空间，上部空间适合团队协作的创造性工作。上部的盒子由锈钢板打造，随着岁月会留下时间印记，裙房则使用混凝土来表达地表面的延续。由于分成几个体块，内部空间丰富又动感，踏上体块内的楼梯就像爬向一座山坡上的村庄。该建筑完工时正值千禧年，当年威尼斯双年展的主题是"少一点美学，多一点伦理"（Less Aesthetics, More Ethics）。

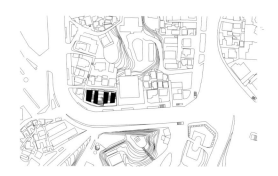

大田大学惠化文化馆

大田

2001

大田大学校区平地非常紧缺，以至于削山建起校园。当初学校提供的基本规划图中，该建筑处于填溪谷建造的筑台之上。闵贤植先生负责溪谷下面宿舍楼的设计，很快我们达成共识保留原来倾斜的地形。本设施以积极倡导大学文化为宗旨，主要承担多功能演出厅、同趣活动室、食堂和会场、展厅、学生咨询室和语言视听室等。要把这么丰富又独立的功能硬是布置在一个建筑内，并用一条出入动线来控制，看起来是完全不可能，也没有必要。在这里不同事件同时发生反而更有效。总不能让自由奔放的学生只待在室内，所以急需有个户外空间，这就产生了新的土地需求。

场地有十米高差，所以首先设置新的平面。由此形成的平面与道路相连，并赋予缓和的坡度，使该平台具有特殊的场所性。正中间利用原来溪谷地形的斜坡和高差打造露天会场，来维持溪谷的记忆。在露天会场的周围布置相关的设施，然后用环游的动线连接所有设施。3000多平方米的新造平台上放置两个玻璃盒子来强调新地平的存在。其间有小小的聚会空间，放着长椅，还种上了树木，犹如一座公园、一个广场或者是庭院。通往这里的路线很多，可以顺着环绕中间露天会场的坡道，经过食堂前的阳台上去，或者通过展厅和会议设施的中庭上去，也可以通过左右两侧的玻璃盒子靠近，还可以从道路直接走楼梯上去。这片留白的空间，从地面上悬浮起来的这个特殊的场所，希望能成为激发大学知性谈论的契机，故命名为"校园里的高原"（Campus Plateau）。

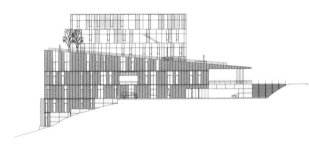

长城脚下的公社会所

中国北京，八达岭长城
2001

首次在中国大地上建造的这个项目位于北京有三个溪谷的美丽山中，在近郊的八达岭长城附近。业主打算在这里建造一百栋别墅出售给中国的新贵，并邀请亚洲著名的十二位设计师各负责设计一栋建筑。我负责会所的设计。要在陡坡上建造超过 3000 平方米的会所，规模确实很大。所以切割成几个单元后，中间引入自然风景，使建筑和自然融为一体。这里建筑就是一道风景，建筑不只是存在的物体，而是相聚在大自然中的人们创造别样生活的风景，也就是"文化风景"（culturescape），是新造的风景。会所的主要功能以周末接待业主或访客的设施为主，有中餐厅、西餐厅、室内泳池、小型画廊、食品店、员工便利设施等。会所不仅要提供给住户和访客使用，还计划作为社交俱乐部，需要满足经常举办各种聚会和文化活动的要求。

现场有很多杨树，我说一棵树都不能砍。将整个体量分成条块状，布置像似从北侧山体中伸展出来，并沿着梯田的形状顺势而上。条状建筑避开树木进行排列，树木较多的地方成为庭院，某些树甚至穿过建筑。条状体块的端头设置平台和水景，与大地相遇，并悬浮在现有的地形之上，能够清楚地认知原有的地貌。从平面图上难以分辨建筑物的内部和外部，因为我画的更多的不是建筑本身，而是风景。有别于其他项目，此建筑按照第一次去现场后绘制的手绘图已落成，可见首次与场地亲密接触的印象有多强烈。该项目在设计途中已被世人所知晓，后来业主张欣在威尼斯双年展上作为非建筑师首次荣获了特别奖后，考虑到能够让更多人分享和体验这些建筑，就改成酒店功能了。

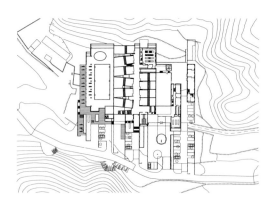

坡州出版城

京畿道坡州

1999

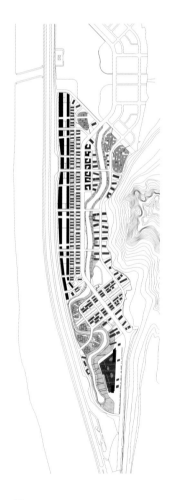

20 世纪 90 年代初，一批希望复兴出版产业带动韩国社会文化振兴的出版界人士和梦想新社会的建筑师们联手，凭借着他们的热情催生了这座出版城。我担任总规划师时，园区已经做完极其普通的规划方案并获得政府报批。我先指出总体规划中存在的问题，并经过出版城合作社的同意提出了新的建议。提供"Landscape Script"这一关键词的弗洛里安·贝格尔（Florian Beigel）、闵贤植、金钟奎、金荣俊等组成一个团队，重新调整了总体规划。规划的原则是立足于100 万平方米的土地所具有的独特个性，确立其共同性。自由道路边打造成"高速公路影子型"（highway shadow unit），中间部分是"书架型"（bookshelf unit），芦苇多的地区打造"岩石型"（stone unit），河岔边为"沟渠型"（canal loft unit），四周被道路包围的地方为"城市的岛礁型"（urban island unit），如此等等，通过建筑塑造场所的特性。不过，按照原先的总体规划已开工建设的道路无法改变，直到现在道路布局始终是这座城市追求价值的阻碍要素。

我们担心这个项目局限在一个工业园区的概念里，所以给项目起名时，借以普遍价值为前提的"城市"，命名为坡州出版城。我们重新绘制规划图后邀请国内外四十多位建筑师，交由其负责每块区域的建筑设计。尽管大家都是在理解这座城市精神的基础上进行设计的，但有几个地块的设计还是对这些善意的导则置之不理。我作为总规划师将精力集中放在整体协调和项目开展上，但是为了维持城市的整体性，还设计了沿街设施、路灯、桥梁、临时餐厅、纪念物等城市基础设施。这座城市几经周折在 2000 年底基本完工。但是，城市不是完成的，而是变化和动态的生物体。如今也在变化的这座城市，经过第二期的建设后，还将进化为不同的面貌。

韩国艺术综合大学总体规划

首尔

2000

这个项目并没有落实到位，是因为担当公务员固执己见，擅自滥用总规划师不能参与落地方案这一不合理的制度。我一般不再理会失败的项目，但是该方案将建筑的范围从空间构造扩大到城市管理，这一点是非常宝贵的经验。首尔市中心的东北侧，朝鲜朝第二十代国王景宗和宣懿王后之陵——懿陵所处的该地块，长期以来由中央情报部占据，在地图上甚至标为空地。三角山的山脉——天藏山分为两条，形成于其间的懿陵是背山临水的典型风水宝地。懿陵所处地块相当于左青龙的分支贯通场地。但是，中央情报部的宿舍、射击场、车辆基地等在建造过程中毁损了山脉，扭曲了地形。况且，从文物保护法层面上讲，这些建筑也是非法的。我想借助建筑恢复（哪怕是象征性的）已破坏的地形，这就是本项目的建筑设计理念。

推算原来的地形后，沿着地势布局建筑群，并设置了三个层次：原有场地的标高、集中新校区所有活动场地的悬浮的人工地形标高，以及间接地恢复被破坏地形的整个建筑群的线条。尤其是作为人工地形的平台层上，集中设置了承载将在此地发生的所有文化艺术活动和生活所需的设施，并称之为"文化景观"（culturescape）。在这迷宫一般的设施里，将会发生意想不到的创造性生活。为了便于管理或连接这些散置的设施，打造贯通整体的街道并称之为"校园脊轴线"（campus spine）。

新设置的轴与天藏山的地势走向保持一致，使之构成这小小文化艺术城市的重要动脉。这条主轴线与无数条小巷交叉，期待交叉路及其周围的所有艺术空间里将发生意想不到的事情。谁都不知道结果会怎样，但我相信这种对未知的憧憬和关心才是触发艺术、确认和持续我们存在感的底蕴。

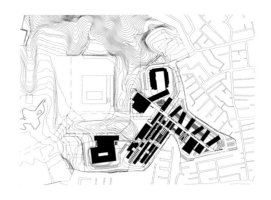

博鳌蓝色海岸

中国海南省

2001

博鳌是位于中国海南岛东海岸的一个小村庄。亚热带气候、八百万人口、三万四千平方公里面积的海南岛，一直是中国国内热门的旅游度假区。北京的开发商——SOHO 中国计划在这里建造四百套度假别墅。2002 年 7 月，业主给了我一个月的期限，让我出一套规划方案，说是在第二年 4 月的博鳌亚洲论坛（BFA，Boao Forum for Asia）期间要作为住宿设施先投入使用，但是怎么想都觉得他们的计划太过轻率。当地的环境的确是美轮美奂，但基本是没有任何基础设施的原始森林，这一点更加深了设计师的担忧。这里湿度非常高，所以通风也是一大难题，还得有荫凉。

首先，考虑汛期时水会漫到地面以上一米高度，因此将道路和室内地面都抬高与室外地面分离。这种做法在热带建筑中是常用的形式，但这里为了保留原始生态环境更加需要，也想传达建筑就是暂时借用土地的装置这一理念。产生了面对河或森林的两种基本的居住形式，就是临水型（water-front）和森林型（forest-front）两种。为了承担吸风和吐风的通道作用，这两种形式的室内都像大开间一样通透和开放。房子和房子之间长长的留白处，也会起到相同的作用。风刮过这些阴凉空间的时候，风速必然会发生变化，完全可以期待舒适的环境效果。业主一拿到我的方案，都等不及完成施工图就迫不及待地破土动工。然后，第二年春天，我惊奇地目睹了博鳌亚洲论坛就在这里举办。短短的八个月时间诞生了一个村庄。简直是奇迹！

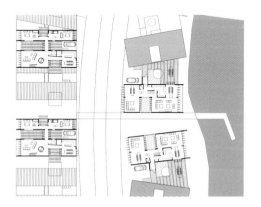

芦轩

京畿道杨平

2002

芦轩的业主是 Welcomm 广告公司的朴社长。建造 Welcomm 公司大楼的时候，朴社长已经改造原来在芦轩旁的一栋房子使用着。看到周围涌进房地产开发的浪潮，出现商品房的开发迹象时，他担心周围的环境遭到破坏，于是购入周边的土地，把这不错的土地打造成白桦林，后来还购置了芦轩的土地。当时这片土地上已经有两栋并排的红黑砖块笨重的房子，宽广的地面上还已铺上修剪整齐的进口草坪。一下子手握大片土地的朴社长，打算在他本人居住的房子旁边建造几栋客房。我们两个人对建筑的喜好趋同，所以很容易就新房子的风景达成了共识。一望无际的银色芒草代替了进口草坪，芒草的尽头是郁郁苍苍的白桦林，房子藏在树林之中。我们讨论更多的不是房子本身，而是怎样打造这片土地应有的风光。

考虑两百米长的土地上展开的芒草和白桦林的规模，我画出了一个宽 4.8 米、长 36 米的木制盒子。考虑汛期时江水有可能漫到地面两三米高，所以主要功能安排在上层，下层尽量设置工作室或仓库等。

屋前规划一间文房是为了制造屋子和文房之间产生的恰到好处的紧张感，也是考虑到从屋子看到的外面的风景。业主为了遮挡江对岸俗不可耐的商业建筑而种下的郁郁苍苍的白桦林与钛锌板屋顶的银色相协调，在江的对岸才能勉强看到银色屋顶的房子全貌。因为它不是一个被看的房子，而是一个看风景的房子。

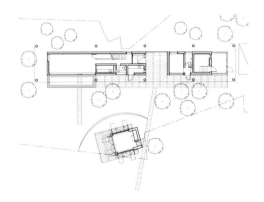

朴医生画廊

京畿道杨平

2003

南汉江边的芦轩设计接近尾声的时候，接到了江对面艺术画廊的设计项目。我天真地想，如果两个项目都能成功完成，也许可以适当收敛江边那些沉溺于游戏心态的人造风景，从而慰劳这条江。业主是一位内科医生，常年收藏美术品，是业内有名的收藏家。

附带居住设施的画廊场地完全暴露在疾驰的汽车来来往往的道路和江河之间。这条细长的场地位于国道的弯道处，极速驶来的车内乘客会突然发现前方冒出的建筑。在这里需要设置多重的装置，让开车人减速并做好接受建筑风景的准备。因江河和道路相关的规范，大部分地方只能建造宽六米以内的建筑。再说，用一栋大尺度建筑来填满这片细长的土地，霸占江边风景也是不厚道的。至少，建筑应该给江边增添美丽。综合考虑上述情况，将整个体块分为居住设施和画廊两个部分，再将画廊切成几节，每节之间留出一定的空白，使江河与道路能够进行沟通。这些分节的体块聚在一起形成一侧的风景。建筑布局的走向和河流的流向平行，但是建筑相互之间又形成不规则的截面，互相错开。错开的体块及其中间的空间、对面悠长的水流，这一切聚合而成的特殊的风景会让疾驰的汽车放慢速度。这些体块的外立面材料采用锈钢板，在青山绿水的背景下，暗红色的体块形成完美的融合。几块生锈的铁块打造的锐角的风景，可能源于我强调在这轻浮的时代风景里应赋予稳重感的强迫症。我也在想，从江对岸看过来的时候，比起建筑的形态结构，我所强调的体块感在逆光下更有助于认识这片土地。但是蜂拥而至的卑劣的贱民资本主义仍然气势汹汹，不久我就深深体会到了凄切的无力感。

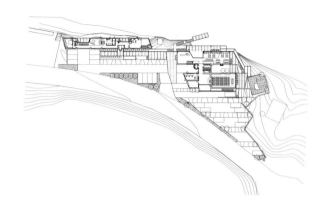

锁具博物馆

首尔

2002

因位于讲授儒学的崇教坊东边，被称为东崇洞的社区，也叫东村，是一片居住区，是首尔大学总校校区原址。1975 年首尔大学迁走以后，这块土地以 300 平方米为单位出售给普通人，并规划成新的居住区。现在的 Arco 美术馆和几家文化设施入住这个地区后，曾经还梦想将这里变成充满魅力的文化地带，但是资本主义的欲望还是没放过这里。一年涨十多倍的地价，使居住区变为娱乐性商业设施，画廊和书店付不起昂贵的租金不得不纷纷离开此地；好端端的建筑物一夜之间变成墨西哥风格或者模仿安东尼·高迪，剽窃迪士尼的魔法性等，贱民资本主义掌握霸权后，最终丧失了城市的伦理。不幸中的万幸，留有美术馆和剧场围绕的马罗尼埃公园，还能喘口气。这座公园后面的路边就有一块地。这块地原来是首尔大学校区外的场地，后侧有质朴的独栋住宅沿着斜坡顺势而上，直到骆山脚下。

　　业主是一位制作高水平建筑硬件的资深名将，也因为职业习惯收集了很多锁具，所以在建筑设计的时候想设计一处锁具博物馆。除了将成为韩国唯一的此类博物馆之外，还要设计业主的居住和文化活动空间、可维持物业管理的营利性餐厅以及设计品商店等。一个拥挤不堪的地方，不计其数的样式、杂乱无章的招牌、横七竖八悬在头顶上的电线、随意分布电线杆，根本没有一处是到位的；这里需要重量感。简单才能增添重力感。没有窗户、没有装饰，只有钢板的重量置于沿街边，与周围形成鲜明的对比。这是在乱哄哄的风景中触发张力的消极的留白，但是，其内部是阳光和清澈的。

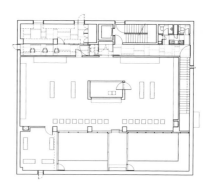

Humax 村

京畿道城南

2002

风投企业的第一代领军人物——Humax 的成员都是年轻人，他们享受对未来的期待和挑战。对于拒绝惯性、积极进取、不断寻找创新的他们来讲，传统的办公室规划方式简直是老掉牙的教科书。新办公室的灵感，就在与现有城市的接点找到了线索。项目位于盆堂的中央像脊椎一样弯曲的部分与滩川隔岸相望的地界。屹立在周围的一栋栋大楼如一个个黑匣子，使盆堂和滩川与对岸的自然景观孤立起来。几乎可以说，这片土地是最后剩下的唯一的逃生出口。因此，作为城市风光和自然风景之间的介质，需要透明的建筑。该建筑要透明的更重要的原因是，Humax 追求的社会是开放的共同体，把生活的样子暴露在外，会给外界产生友善的印象。

确保这种开放社会共同性的事情都发生在内部空间里。在内部空间打造宽敞的庭院直通蓝天。贯通十三个楼层的垂直连接的庭院在各个楼层的空间结构不尽相同，犹如雅各布梯子的楼梯和时光机一样的电梯连接着各个庭院。时而露在外面，时而藏在里面，时而像小公园，时而像小广场，庭院可以说是展现 Humax 共同体身份的最重要的部分。将外部进行了内部化处理，但内部有广场、主路、支路、小巷等，其结构像一座城市。当然还有公园，公园里有茁壮成长的树木和花草。雨水滴落、雪花飘落到内部空间，阳光也洒落到深深的内部空间来。不只是因为两千多人常住的尺度空间，为了使临时组建的这个社会——办公大楼里的生活给年轻的时光留下美好善良的回忆，该建筑不应只是一栋建筑，而应该是一个共同体的生活部落。

因此，我将该建筑命名为"Humax 村"（Humax Village）。

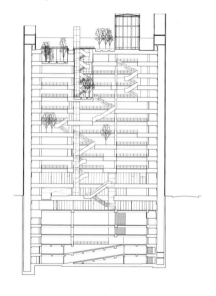

朝外 SOHO
中国北京
2005

2000 年代初，北京为了具备现代城市的面貌，将东西方向横穿城市中央的长安街和环绕城市边界的三环路在东侧的交叉地区命名为 CBD（中央商务区），开始了高调的开发。该项目位于 CBD 西北角。开发商 SOHO 中国只给短短的两周时间征集设计方案，世界顶级建筑设计师都应下来的期限，我也不能多说什么。项目地处北京城朝阳门外将近两万平方米的土地，估计以前是农耕地或城门外百姓的生产生活设施，但是很久以前开始被官府占用，现在是空地。从 CBD 的整体规划中可以看出，场地旁边就是贯通整个 CBD 区的绿化轴。项目要能在城市中间有一席之地，最要紧的事情就是连接该绿地和相邻的交叉路。因此，在正中间设置横穿场地的线形广场，取名为街市（Bazaar），是因期待发生城市的行为。隐喻北京胡同的小路垂直于广场分布在两边，小路之间布置沿街商铺，再次连接城市道路。因为项目地块非常大，为了在里面形成共同体，沿着场地边界像土楼一样把整个地块围起来，内部设置工作室形式的办公空间。在土楼里的裙房屋顶上打造公园，供这里的人群休息和娱乐。

在里面的塔楼就像肩负着守望共同体的使命一般，高高耸起，弥补了被公共空间替代了的办公空间。这里有非常多的广场、公园，无数条道路和天桥，供大家共享。这里看似一座小城市，这里的生活非常丰富和多彩。我将该项目命名为"小北京"。在极短的时间内暴风般设计出来的方案有幸被采纳，实现了北京城内的小城市。

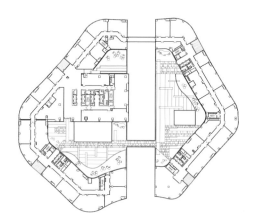

大田大学天安韩方医院

忠清南道天安

2003

天安韩方医院是以韩方的诊疗和治疗为主，区别于西医医院的空间。设计需要照顾和考虑到长期住院的老年患者或行动不便的患者。患者之间互有同病相怜之情，并且需要长期住院，因此住院楼虽说是他们的临时居所，但也是把患者们连在一起的共同体。因此，病房不能是常见的并列的线形布局，而应该是共享空间的共同居住形式。通过现场观察了解到，这里需要发扬共同体精神的庭院、能让患者出来走动散步的小路、可供休息的绿地，还要有欣赏夕阳的乐趣。这座医院位于天安市的近郊，但是在投机热潮下该地区也被划入开发地区，面临着翻天覆地的变化。对面被切割的山上还能保持着一抹绿丘，在一定程度上防御着蜂拥而至的商业主义建筑，但是各种情爱酒店和酒吧炫目的广告牌和秽乱的风景依然威胁着医院。并且，疾驰的汽车气势也不可小觑，为了保证安静的内部氛围，空间需要多重阵仗。每个阵仗之间的空间设置成公共区域，呈现出半室外的形式。对面山上的绿地可以融入露台中来，成为住院患者享用的公园，因此医院的绿地有无限扩张的潜力。外立面材料采用东方质感和色感的玄武岩，这对表达韩方医院的蕴涵最适合不过了。不规则的窗户排列和玄武岩的分格线条打造的跌宕起伏之感，与主路的速度感相辅相成。

DMZ 和平生命园

江原道麟蹄

2006

DMZ 和平生命园，这特殊的名称来自一个以"用生命之钥匙开启和平"为口号的社团。团体成立的目的是将战争遗留下来的伤痛——"非武装地带"（demilitarized zone）转变为生命复原的现场，通过这一事实，省察对峙的时代，思考生命的尊严。有志的市民运动家和知识分子为骨干，在江原道政府的大力支持下组建该团体，并启动本项目。这里是参观非武装地带的前沿阵地，但以演讲、研讨会和冥想为主要功能，还要开展实践生命运动的农耕活动。因此，设施本身需要与自然有密不可分的关系，对自然的敌对态度或支配性风景绝对是禁忌。

项目地处于边境地区麟蹄郡靠近非武装地带的野山中。山的中间是向西敞开的盆地。在几乎没有建筑存在的此处将要诞生的第一座建筑，理应作为媒介来存在。我想在这现代文明的象征——道路和自然之间，应该是人工化的自然和自然化的人工构造物最适宜。场地有 25 米的高差，在中间盆地里设置主设施，因此在道路上放眼望去是有建筑和庭院和小路的村庄，但是沿着建筑之间的空隙往上走，建筑立即消失在眼前，只留下建筑的痕迹和自然风景。建筑的一侧是承载回忆的锈钢板材料，另一侧是用土砌起来的。这样大地和建筑成为一体，此建筑可以被解读为大地的建筑，风景的建筑。

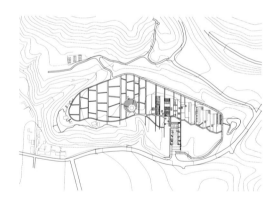

九德教堂

釜山

2006

英文中"教堂"一词在拉丁语中的词源是"ecclesia"，意思就是被召唤的人的聚会。教堂并不是仅指建筑物，教堂的原型是不存在的。耶稣传福音的地点在加利利海边或山上，那里的聚会才是真正意义上的教堂。既然是被召唤的人们聚会的场所，教堂建筑需要满足的第一个特性就是虔诚。这意味着与世俗是有区别的，且其场所是被选择的人专用的设施，先能感动人，而不是先感动神。基督教的神祇是无所不在的，不可能只存在于教堂之内。因此，误以为神祇只存在于教堂内，将教堂内部装饰成神殿的样子本身也许与基督教的精神是背道而驰的。

人类是带着原罪出生的，虽然通过耶稣之死得到救赎，但是一生总被恶灵的诱惑所迷住。要借助圣灵的力量，不断地省察和修炼自己，以免走错方向，这就是基督教徒的信仰生活。担负这种使命的教堂建筑，若只作为在规定时间做礼拜的设施而存在，也不是教堂的本质。任何人只要想净化自己的灵魂，都可以在静默中求神祇的恩宠，有勇气面对自己的瞬间才是最高境界的宗教生活，帮助实现这个目的的设施才是真正的教堂建筑。也许教堂建筑不应是特别的形态，每个基督徒本身践行教会精神时，那时候的空间就是教堂建筑。这片土地上的六万多家教堂是不是都在践行教会精神呢，不得不让人产生疑惑。

九德教堂对我来讲有特殊的意义。我在九德教堂出生并长大，考入大学移居首尔后才离开这里，但九德教堂的记忆始终是我生活的底蕴，上教堂的路、胡同和院子、院子里的无花果树、木造的地板、钟楼的风景框在记忆的画面中，时常安抚着我。这项目是我重新翻出四十年前的点点滴滴后再构筑起的。

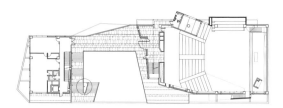

曹溪宗传统佛教文化园

忠清南道公州

2007

佛教建筑在现代建筑中基本属于空白。究其原因，最大的根源是朝鲜时代的崇儒排佛政策，还有现代佛教界过分执着于固守尘封，与大众化和时代化趋势逆流而行，反而偏离了佛教的本质。所以是否选择我作为该项目的设计师，也是能不能克服其惰性的重要时刻。经过艰难的抉择后，曹溪宗的管理层最终选择了进步，接受了此建筑。我从佛教建筑里学到的"空"的智慧不计其数。可以说佛教建筑向往的目标是"空"，"空"本身就是佛教的本质。因此，在任何条件下"空"都应成为该建筑的重要概念。

距麻谷寺沿着溪流一公里左右的项目基地是溪流常年蜿蜒流过形成的盆地。一位僧人告诉我这地块是方舟形。由于这地方出土了大量的朝鲜时期的瓦窑，很多地方被指定为建筑禁区。佛教界貌似觉得这是一大不幸，但是我反而觉得庆幸。我可以放心大胆地在地块中央留出大片的空白。围绕强制形成的留白可以导出无数个院子，随处分布的院子各有其独特的存在方式，时而独立，时而相连，承载着周围美妙的景色和居住的痕迹。建筑只是用来限定院子的，按照土地的条件散置全部设施，并用一条松弛的轴线连接这些设施。该轴线朝向溪谷之间的空白处，所以眼界所到达的地方也是"空"。此建筑使用的材料是木头、石头和土，这些材料最终均将成为土地的一部分而消失，留下的只有"空"而已。

秋史馆

济州岛
2008

如果没有济州岛，我们生活的国土该多么压抑啊！美丽的火山体和丘陵、清澈的大海和深色的玄武岩、绚丽的花朵和树木……济州岛的这种异国风情长期以来对我们来说是憧憬的彼岸，最近中国游客也大举涌入，变得闹哄哄的。但是，要知道这美丽的风光背后有凄凉的历史。济州几百年来作为陆地的附属领土被掠夺，且外族蒙古族和日本的侵略也在这里处处留下了伤痕，国内左派和右派之间的理念差异造成的矛盾促发的悲剧至今伤痕累累。并且，作为条件最为严酷的流放地，济州的每一寸土地都浸透着被流放的人们含恨的流放文化。秋史金正喜（1786—1856）是流放者的代表人物，朝鲜末年的至圣秋史通过在八年的流放生活中感受到的孤独，把自己带入了最高的艺术境地。锥子般的书法字体就是那种孤独的产物。

纪念这样一位人物的建筑，就应清心寡欲。况且，项目基地与大静城墙相邻，城墙内的村庄都是由小单元质朴的房子聚集而成的温馨宜人的风景。所需的1000多平方米的建筑面积在这里不算是小尺度，一不小心就容易打破整体的平衡，所以首要任务是打造看不见的建筑。因此，几乎所有的面积都放在地下，地上部分尽量以简单小巧为稳妥。虽说是地下空间，但是通过下沉花园解决了采光和通风的问题。参观结束后到达挑空空间，沿着楼梯上去，在腾空一切仅有沉默的空间里，人们会发现面对着秋史的自己。观光的原意即是见到光芒。

起初居民们期待着壮观的建筑在这里拔地而起。听说当看到常见的坡屋顶和木条外立面后，居民们大感失望，调侃说这是土豆仓。我亲自找居民讲述秋史的生涯和我对土豆仓这名字感到自豪的理由。这栋建筑就必须是土豆仓。

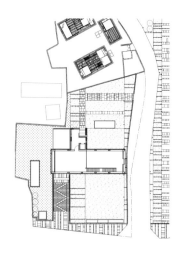

大将谷居住小区规划

京畿道华城

2006

关于勒·柯布西耶（Le Corbusier）主导规划的 20 世纪的新城市，亨利·列斐伏尔曾经怒批过："这样彻底编程的居住机器里没有冒险、没有浪漫，且把人们进行分拆，只会让大家远离彼此。"亨利批判的是原本大家都在不同的土地上，过着不同的生活，却强制套用标准化的模型和指南，打造千篇一律的风景，使区域认同性尽失的弊端。弗朗索瓦·亚瑟（François Ascher）提出"元城市"（metapolis）的概念，主张克服被增长和膨胀主导的"大都市"（metropolis），打造基于现实生活的多元化的、复合式的、由独立的空间组成的现代城市共同体。松散和不确定性、结合和连带、生态和环境、生成和变化等成为核心关键词。

这个村庄以依靠一个人或少数几个人开展生产活动的创意性专家团队为主要对象，居住着三千多户一万多名人口，是一个结合城市和农村的共同体，以老年一代和儿女一代共同生活、世世代代定居于此地作为目标。从首尔向南十五公里，现有五十多户居民世代耕耘的约 100 万平方米的场地，在缓慢的溪谷中分为几个风景相异的小溪谷。城市的肌理受地形的影响呈树枝状，自然和城市就像手指一样紧密穿插和结合。考虑到过去存在过的村庄空间结构、水路或胡同、游乐场等位置，将整个村庄的结构分为绿地（green network）、水路（blue network）、汽车路线（red network）、自行车路线（silver network）、步行路线（yellow network）等。轨迹互不相同的这些线条相互编织在一起，所形成的每个节点上设置聚会场所、自行车停车场、店铺、画廊、书店等公共设施，打造小巧而多彩的城市文化活动的据点。作为新的社会共同体模式，众望所归的社会改革试点项目，由于在公告之前房地产投机商泄露计划，项目被叫停。

合作设计：闵贤植、李钟昊、金荣俊

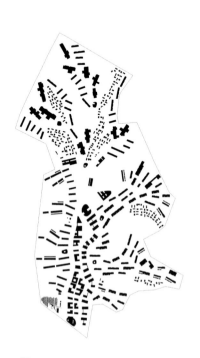

北京前门大街历史风貌区规划

中国北京

2008

北京紫禁城的中轴线不只是城市布局的主轴线，更是中国人的精神之轴，是国家的象征轴。位于该中轴线上的前门大街是古时皇帝为了到天坛祭祀而经过的路，故被称为"天街"。该中轴线在城市扩张过程中延长到了紫禁城北侧的奥林匹克公园。前门大街一带同时反映了北京城的历史。作为出入紫禁城的据点，前门大街自古以来就是进京的地方官员或赶考的学子落脚之地，他们在居住期间也保持着自己家乡的风俗习惯，于是这个区域不仅有北京固有的建筑形式，还存在着其他地区的建筑风格。本次规划范围包括长达八百米的大街与东侧地块，共有 23 万平方米。虽有中国传统住宅形式——四合院依稀存在，但大部分是民国以后变形的居住形态，其中一部分在近代化过程中遭到破坏并建成了西式建筑。北京过去数十年间的城市风景发生了翻天覆地的变化，其在开发过程中失去了无数的传统居住区。考虑到本地区在地理和整治上的位置，决定要保留传统风貌，于是制定出严格的城市规划条规。

居民已被迁出，现场犹如废墟。这里的传统房屋到民国时期以后有几户一同居住，在此过程中多次改造而成的现今空间结构既丰富多彩又独一无二。长长的、窄窄的、深深的、短短的，有连续不断的，也有突然断开的，简直可以说是空间形式的宝库和智慧，其本身就是纪录片，是电视剧，是一种强烈的地文痕迹。我首先分析整体组织，区分为四种城市类型，依次为：变形的四合院空间结构迷宫型（labyrinth）、承载新功能的条码型（bar-code）、可复原为传统居住区的领域型（precinct），还有前门大街两侧聚集的城市体块（urban mass）。在此基础上绘制的新的总平面图看似很熟悉，再与原来的总平面图叠合时很多区域显示为白色，由此可见原有的空间组织很大程度上已得以保留。对于不得已要消失的原有组织，至少要在铺地上刻画出空间的肌理。这样的总平面图是无法在白纸状态下绘制的，就像古老的重写本（palimpsest）一样，应在前人书写的文字之上添加我自己的想法。于是产生了以我一己之力无法做到的丰富的空间。

首期要急于亮相的前门大街两侧的建筑要求重现民国时期建筑风貌，所以我被排除在外。北京奥运会的马拉松比赛通过这前门大街后，该项目落入他人之手，规划方案最终被大幅修改。

教保坡州中心

京畿道坡州

2007

本项目不仅要中规中矩地遵照坡州出版城的整体设计导则，而且几乎是最后一个建造的，所以还得配合已经建好的其他建筑物的布局。尤其，横穿整个城市的线形绿化带穿过本项目中间，项目只能预先分为两个部分。设计导则中规定的建筑物类型之一为"书架型"（bookshelf unit），且禁止阻挡前后楼栋居民的视野，就算是一栋建筑也要求分节。考虑到这座城市的重要目标就是共同性，这是非常严肃的条件。并且，连接十米外马路对面的小地块形成的视觉通道时，又一次产生了分节。最终，产生了由七个盒子组成的一栋楼。七个重复的盒式建筑长长地连在一起，容易有单调无聊的感觉，所以调节了尺寸和层高，还增加了形态上的扭曲，以便七个盒式建筑能给城市沿街面增添节奏感。并且，内部也形成各种尺度的空间，实现了内部空间的丰富多样性。低层在功能上需要一个完整的大平面，因此设计成裙房形式，材料使用玻璃来减轻上方玄武岩体块的厚重感，汉江和寻鹤山的风景随时穿梭于建筑之中。该建筑的核心设计理念是很多人长时间充分讨论后达成共识的，反映了这座城市的目标：共同性的、善良的规约。

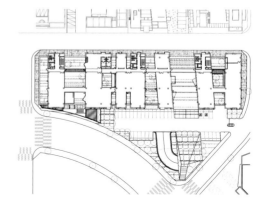

大田大学三十周年纪念馆

大田

2008

迎接建校三十周年的大田大学，曾经雄心勃勃地策划并实施校区综合规划，其中最核心的建筑就是三十周年纪念馆，因此总体规划中此建筑是具有象征意义的双子塔形式。项目位于图书馆后面的建造剩余地块。按照总体规划，这里与西门形成强烈的轴线，再连接到始于南门的步行街，由此会形成贯穿整个校区的校园中轴线（campus spine）。位于南侧已被削得面目全非的山体虽被绿树所覆盖，但仍显得伤痕累累，其斜面都透着需要治愈的尴尬。双子塔显然不是这片土地所要求的建筑形式。更何况，追求普遍价值（universality）的大学受制于某种形式的特殊象征，这本身就违背大学的基本理念，居高临下的塔的形式会不会违背追求民主社会的大学的本质属性，也值得考量。

我尝试借助建筑恢复被破坏的地形，分析给定的功能后划分成多个单元，然后类推原来的地貌排列了这些体量。还有，将总体规划中提到的始于西门广场的坡道引入建筑物内部，打造成貌似溪谷的结构。该溪谷成为建筑中最繁华的地段，上下连接着隔开的两部分，形成了变化多端的景象。屋顶经常是新的地面，与体量之间的深深的庭院不断连接。时有方圆的体块占据屋顶，这也许更能引发对其内部空间的好奇，或者说是疑惑。当然，在这里重要的也不是建筑的形态，真正重要的是调动我们潜在的意志、促使我们付之行动的场所具有的价值。我们很难准确预测会发生什么样的行为，但是毕竟在鼓励和保护知性浪漫的大学，应能乐观地展望其结果。因此，在这里即使没有给定的功能，我也专注于在适当的位置构筑尺度适中的场所，这样的工作汇总成为这栋建筑。

提文轩

光州
2010

该项目位于光州双年展展区和湖水公园龙凤堤的相会之处，功能是作为光州双年展的服务中心。这地方的文化氛围应该挺浓才对，但事实上周边的环境却与文化格格不入。高层住宅楼和杂乱无章的商业街让人联想到赶着建造出来的城市边缘地带；粗俗！我需要做的就是让此新建筑至少为这个地方营造少许的双年展的文化风景。光州双年展这项国际文化盛事是访客和创作者相逢又分离的重要平台，对他们而言，此建筑和展区之间的广场是日后回忆的最重要的线索。但是，原有的广场只是位于展馆和粗俗的周边环境之间的无意义的空间，还随时遭到轻薄风景的侵占。新的建筑应该成为广场坚实的背景，所以圈定和保护广场的敦实的墙体拔地而起。光州双年展和龙凤堤两个空间是城市和自然的关系，因此这堵墙既划分两个领域，同时又将两处相连。面朝西侧双年展展馆的墙体将挡住西向日照，但是傍晚时分夕阳的余晖下，褐色的混凝土表面显得更闪亮。

墙体内部略显复杂，有小庭院、小公园，还有胡同，在这里居民随时聚散，其方向时时刻刻发生扭转。这是在褐色墙体的中间层里斜插着黑色盒子，通过这种改变空间界限的方式来实现的。该扭曲的黑色盒子的方向对准入口的道路轴线，与周边自然衔接。扭曲的体量下方的空间延伸至露天剧场，附近的居民可以随时过来欣赏龙凤堤的风景。我相信标榜文化的这栋设施不仅能用于国际性盛事，还会丰富周围居民的日常生活。承载着所有人的记忆，引领文化的这栋建筑，我称之为提文轩。

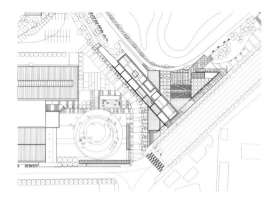

某轩

大邱
2009

这栋房子的基地是业主住了四十年的老房子扩建地，由一间客房和客厅组成的这栋小房子，前提是要拥有别致的庭院。既然庭院是主角，不该突出房子本身的存在感，我的目标是在小面积内打造丰富多彩的空间。因此，在300多平方米的占地上总共打造了四个院子，并将内部空间向后挪，以便给前院留出最大的面积。内部空间也分成两个体块，体块之间再留出院子来。前面的餐厅做成透明的，以便在后屋卧室中也可以观赏到前院。中院的一侧为水景，另一侧是下沉花园的形式使阳光照射进来。从连接通道望过去，卧室窗外也有小院，长着粗壮的竹子，增添了空间的深度和丰富感。最终在这小小的面积上出现了前院、餐厅、中院、卧室、后院等五个空间层次。用可拆卸木隔墙搭建的透明餐厅扩大宅地的视觉效应。再用相同于房屋高度的耐候性钢板作围挡围住宅地，极大提高了被围绕空间的紧张感。然后等待园林的处理。

郑荣善先生设计的园林超乎了我的想象。尽管我已努力使院子的面积留得最大，但毕竟是进深只有九米、面积只有150平方米左右的院子。我的想象只局限在黑色耐候性钢板的背景下，有几棵白树干的大树伸向蓝天的风景。但是，郑先生在狭窄的空间里密密麻麻地种上棠梨树，地板铺满了未经雕琢的小石子。主屋到院子，踏上耐候性钢板墙前的一条直线道路，踩在这微微悬浮的花岗石上，就像置身于大片森林或者原始的大自然中。真没想到区区棠梨树却能够飘洒绚烂的火红色彩，填满了整个院子。这时中间的建筑已消失，只剩下园林。

坐在传统韩屋氛围浓厚的宽敞的客厅里，打开吊窗放眼望去，水景庭院以及对岸的透明餐厅，黑色耐候性钢板围住的背景幕墙下，石院丰富多彩的风景映入眼帘。这也许是建筑主动把自己藏起来的结果。房屋取名某轩。某某人的家，就是无形之美。

卢武铉总统墓址

庆尚南道金海

2009

卢武铉总统一直都是将自己推到边界之外的人。当总统之前就是这样，最后的瞬间也是这样的，甚至拒绝进国立公墓，他的生涯就是这样的。那么他的墓址就不能设计成常规的形态。所谓墓址就是活着的人借助死者进行省察的空间。宗庙的月台是生者与亡者对话的地方，平时都是空荡荡。那么，没有比广场形式的墓址更适合卢总统的。

卢武铉总统的家乡烽下村位于烽火山下，尽头有一块三角形的水田。这块约3300平方米左右的土地是猫头鹰岩石屹立的地方，有两条溪流从旁流经，将场地划分成三个部分，正好符合分为进入、祭礼、墓地三步的传统墓礼形式。况且，这里位于连接村庄和山脉的地点，可以说是命运之所。考虑到可能有洪水来袭，整个地面被垫高了一米五。垫高地面是为了跃离日常的空间，跃升到特别的空间。长边的边界部分采用耐候性钢板筑起六十米的曲墙，限定了整个区域。进口处设置三角形水景，为的是洗涤访问者的心灵。走上阶梯，就像广阔的高原展现在眼前。上下的阶梯都有不同的适当坡度，地面铺了未经雕琢的石板。指纹般的石板之间穿插着直线，再用精心雕琢的小石头收尾。每块石头都刻着字样，是从市民留下的铭文中选取一万五千条刻在石头上的。卢总统一直梦想着和谐相处的世界，于是墓址就像把老百姓生活的某个普通村庄的地图的一部分转写过来。访问墓址的人们参观完用磐石盖住的总统墓地后，大部分不会直接回去，而是会在这里来回踱步。漫步在这个生疏的村庄，读一读刻在石板上的字样，跨过水流，走过粗糙的表面，停留在石头高原。这是自我安慰和省察的风景。

刻在地上的字样终有一天会被磨去，但是其记忆是永恒的。于是，将该墓址命名为"自我流放者的风景"。

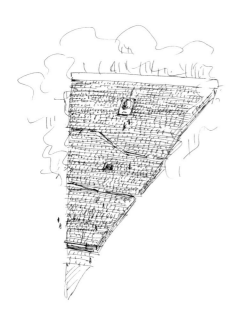

申东晔文学馆

忠清南道扶余

2009

"谁曾见过蓝天？/ 没有一朵云彩的万里苍穹 / 谁曾见过？"

这座为了纪念诗人申东晔（1930—1969）的文学馆，位于诗人的故乡扶余，紧挨着诗人生前的故居。故居原来是三间草房，后来改成石板瓦屋顶的寒酸样，承载着生活在动荡年代的诗人的悲凉。诗人曾向着我们不幸的时代大声呐喊"皮壳滚蛋！"，纪念这样的诗人，纪念馆不应只有纪念的功能。通过诗人纪念我们和我们所站立的这片土地，是不是更加稳妥呢？沿着纪念馆的动线走一圈，再回到原地重新审视自己的空间，我希望在这样的空间里，访客的内心可以重新拥抱申东晔这位诗人。

所以，这栋房子的动线是循环结构的，从诗人故居的院子进入屋内，看完展览后自然引到中庭，沿着中庭的舒适阶梯上去，眼前就会展现新的土地。这片土地又连接到其他标高，反复循环，随着标高逐渐降低又将访客带回日常的地面。访客到达的地方是林玉相先生设计的诗语飘扬的彩旗广场，美妙的词句飘散在虚空中，陶醉在词句中的访客不知不觉又回到了出发点。

这栋纪念馆建筑只是打造上述过程的媒介，不应该存在具体形态。这里只有粗糙的混凝土物性，建筑本身不是用来纪念的。由此向大声呵斥皮壳的诗人表示尊敬和礼遇。

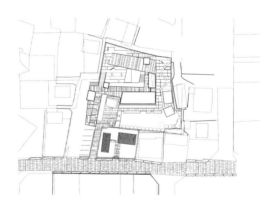

360度地水花风高尔夫会所

京畿道骊州市

2009

这块名为"地水花风"的高尔夫球场意味着自然。这里的自然意味着能量充电站，在城市的日常生活中消耗殆尽的能量在这里将得到补充。俱乐部会所将作为其转折点，成为从城市进入自然的关卡，从日常切换到非日常的过渡空间。两个区分点混在一起，在这里发生戏剧性转移。更何况，这个会所是陌生的人群匿名在相同的时段进行共享的空间，所以不只是一栋建筑，还具有村庄的性质。

该俱乐部会所设计成多栋房子的组合，主要是为了完美履行经常连轴转的系统的功能要求。换句话说，将适合各个功能单位的体量分别提交，之后用最密集的方法编织，使这一切看起来更像是不规则的集合。个别单位的群集到处形成的夹缝空间，时而成为中庭，时而成为院子，不仅解决自然通风和采光，还可以在视觉上实现丰富的空间感。体量设计或单层或双层，强化了"人"字形屋顶的家一般的认识，其坡屋顶形成的群集形态让人联想到小村庄或山寺的风景。外墙的主材料使用混凝土和石头，以便更容易接受自然界美丽的变化。开口部采用木料突显存在感，尽量减轻外墙材料的粗糙感。当然，这里的主题始终是自然，所以与俱乐部会所融为一体打造特别的风景是关键。在球场的各处都可以看到这栋房子，但是站在最后一洞的位置，钛锌板屋顶反射光下的风景，将成为完美的落幕。对结束全过程回到日常生活的选手来讲，这栋建筑名称里的"地、水、花、风"不只作为名称，还会作为空间留在记忆中。

三洋化工办公楼

首尔
2013

在建筑技术的历史上，罗马发明混凝土是革命性事件。混凝土彻底改变了几千年来从自然界采料加工当作建筑材料的传统。之后踏步不前的建筑技术在哥特时代又一次实现了突破。柱子和扶壁、悬梁等创造性结构来支撑屋顶，多高的建筑都可以建造，墙体从支撑屋顶的压力中被解放出来。也许我们可以说，勒·柯布西耶的多米诺理论是哥特技术的现代版解释。墙体从承重压力下解放后，成了隔开内部和外部的隔墙形式，这就形成了办公楼采用玻璃幕墙的普遍做法。

但是，三洋化工的办公楼设计上没走寻常路。就是说，把传统的结构性承重功能还给墙体，弃用了幕墙。由于墙体承担了柱子的承重功能，内部空间里不再需要柱子，这样不仅可以打造更加自由的平面，还可以节省玻璃幕墙需要承担的能源消耗。最重要的收获是再现了久违的建构（tectonic）空间感。

北侧是地区计划中规划的公园。设计时遵照该规划方案，在位于公园延长线的内部设置了向北敞开的开放空间。于是乎，以中庭（atrium）的共享空间为中心形成核心和过道，内部和外部的移动均可互见。我相信这样会在空间内形成更加亲密的城市共同体。由于装修施工方干涉设计方案，空间的力量多少有些削弱。不过，只要有坚固的混凝土结构墙体来构建空间，其力量始终存在。该力量支撑着建筑应该具有的真诚性。

退村住宅

京畿道光州
2009

退村的意思是隐退的人聚集的村落。面积不过 165 平方米的这栋房子是一对思想进步的经济学教授和人文学教授夫妇的宅邸。为了挨着母亲居住的房子，并与学爵士钢琴的儿子一起居住，业主就委托我进行了设计。既然是研究学问的夫妻，各自需要独立的房间，爵士钢琴肯定也需要隔音间，也需要有独立的屋子。这一家庭的生活面貌就是构成这栋房屋形式的决定性线索。各自拥有的独立领域聚在一起的时候构成家的结构，所以有一家日报采访完这栋房子后以"散置之家"为标题做了介绍。并且，农户住宅的面积在法律上有限制，需要建造两栋房屋，正堂约 100 平方米、配楼约 60 平方米，也成为打造"散置之家"的条件。更根本的原因是我们长期以来持有的对家的固有观念。原来我们的传统居家是由房屋集成的。从一间房到九十九间屋子，都是房间的集合。这些房间不是有特定目的的，而是各自独立、拥有各自特征的。我们的祖先早已在实际生活中展现出了对现代建筑概念的理解。这种形式的房间每一间都与自然有直接接触，通风和采光都很自由，对健康也极好。对于已经习惯于生活在封闭的空间内利用现代化设备打造的环境中的人们来讲，这栋房子也许会有各种不便。不过，在风光这么好的退村，习惯于这种不便，可能会成为再也不想失去的快乐。"不便带来的快乐"，这也许就是我们失去的记忆。房子虽说是新盖的，但是承载着记忆，而且在这碎片化的时代，我们需要重新找回的未来就在这里。

乐天艺术别墅村

济州岛

2011

最能表现济州岛风景原则的也许不是现代版地图，而是古山子金正浩的《大东舆地图》。这张地图显示出从汉拿山出发的山脊和山谷延伸到大海的形状，这意味着需要垂直理解济州岛的地形特点。就是说，连接汉拿山和大海的斜线就是济州的生态轴。既然这是景观的流向，阻挡流向的事情都是反济州的。横断济州的516号公路切断了这条垂直的生态轴，最近完成的海岸公路把漂浮在海上的岛屿变成了漂浮在沥青路上的陆地，完全是反生态的土木工程。建筑也一样：为了独占大海的景观横向排列的布局，不仅阻挡了生态流，还违背公共性的价值。我们必须优先设置从汉拿山延伸到大海的空旷的通道，然后沿着这条轴整齐地排列建筑。

整体规划指定的密度与其说是度假村，不如说更像城市地区的别墅。于是，留白的通道变得更加要紧。A区位于整个地块的最高地，为了避免阻挡汉拿山景观，有必要加大每户之间的间距，所以只能竖向打造长条的平面。每栋都打造成没有隔断的开间，以便每栋之间的流向可以延续。这样，每栋之间都洋溢着连接汉拿山和大海的风景，而且在户内也维持其空间序列。风景的通道，这就是核心关键词。

位于整个小区入口的会所更是以风景为主题的建筑。东西南北四个方向相接的地面高度都不一样，所以通过建筑把这些地面有机地连接起来。你会突然发现地面成为会所的屋顶阳台，沿着自由出入的斜坡路又能到达其他地面，自然连接到餐厅、院落、画廊和泳池。可以说，地形条件塑造了这栋建筑。

CHA 医科大学宿舍楼

京畿道抱川

2011

CHA 医科大学的校区位于偏僻的山中。校区是收购原来的补习学院当作大学校区使用的。原有的建筑都是红砖外墙，所以新建筑的主材料也都采用了红砖。周围没什么配套设施的校区，对于居住在这里的学生来讲，也许像与世隔绝的寺院或修道院。当然也可以增加些开放和自由的配套设施，以试图改善不方便的环境，但是在目前的情况下这起不到多大的改善作用。反而，直接打造成修道院一样的空间结构可能更符合这个校区的氛围。学生们不会一辈子都待在这里，所以给定的环境有些特别也无妨。

给宿舍预留的地块位于图书馆背面的北端，坡面比较多。宿舍只能分为几个楼，楼与楼之间的院子是不太宽敞的空间，无可奈何地被高墙围住。这围绕的空间自带神秘感，神秘感在这里是重要的建筑要素，也许还可以增强内部共同体之间的连带感呢。居住在宿舍的学生横竖都是从外面的世界流放至此的人群，缜密的细节和细致的材料选用，与致密的内部空间结构一起，使这栋建筑的居住风景变得很特别。

既然作为伏线选择的是修道院式的空间，所以说不准这里还凝聚着灵性呢。

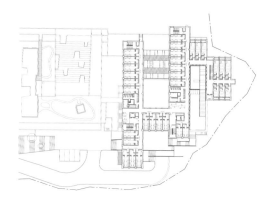

平度住宅文化馆

中国山东省平度市

2012

平度的人口只有一百五十万，在中国算是小城市，但却具有三千多年的悠久历史。大开发的浪潮下，平度也受到附近大城市青岛的影响，也快速变化着。原来占据城中心的政府机构已搬到新开发区，而老区需要进行改造。虽说有数千年的历史，但非常遗憾地，民国以后的公寓和政府官衙都是在毁灭历史城市的遗迹之后建造的。幸亏费九牛二虎之力找到的古地图中的老路现在仍在使用，因而基于这条路的地文（landscript），编制了名为"平度历史地区再生计划"（Pingdu Historical Area Regeneration Plan）的总体规划。负责整体开发的万科集团决定将整个项目的售楼处兼文化设施建在树木茂密的原市委市政府大楼的位置上，并将其设计委托给我。树龄两三百年的树木都是保护对象，只能在缝隙中找地方建造，最终选择了原建筑物所处地块的边缘。

但是要让市民知道有这栋建筑，与前方道路的连接很重要，所以在道路边儿上设置混凝土框架进行了连接。该混凝土框架承担街边美术馆的功能，连接起勉强挤在大地边儿上的建筑和主要道路。样板房因为是假象的房屋，因此是错开放置的箱子，既增添内部空间的趣味性，又能与整个空间有个对比。尽管如此，在这里最具压倒性的还是陈年老树，它们是见证历史的重要存在。建筑只是作为树木所象征的历史时间的背景来存在。况且，与道路和建筑所处的地平面相比，树木所处的地平面更低，通过地平面的差异也能显示时间的差异。

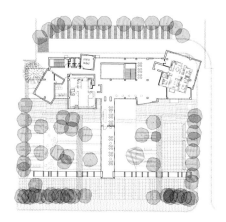

玄庵

庆尚北道军威

2012

在大邱山格洞建造某轩的业主，在附近的军威着手将992 000平方米的山地打造成植物园的工程。业主常年张罗移植、培育树木，观察着这个区域里自然界的变化，需要有寄居的场所，于是决定建造一座很小的房屋。地点选在相当于整个山势穴位的地方，这里能看到的只有山峦和天空。朝向是西向，很显然夕阳的光辉将会映在对岸的水库水面上，沿着地势搭建的房屋走向与冬季的落日轨迹一致。业主希望整个植物园是思考的空间。于是，在郁郁苍苍的杉木林之间摸索，在进入建筑的道路周边找到合适的位置，打造五个人工庭院作为该房屋的序幕。此可以说是思考的端倪。经过人工庭院后，斜坡会遇到呈长条直线状的耐候性钢板构造物。上面是小丘，下面是溪谷。怀着好奇心打开窗户，你会看到壮观的大自然风光。建筑的作用只是连接天地，建筑本身已经不存在。只有我、自然和静默。刚好在日落时分打开窗户，你会直面那美丽的夕阳红。再次走出屋子，登上小丘，就有芒草中的冰冷的耐候性钢板椅子，在椅子上落座之后你就成为自然的一部分。那是极其孤独的瞬间，是哲学思考的时间。因此，将该房屋取名为玄庵，即简陋的黑色房子。

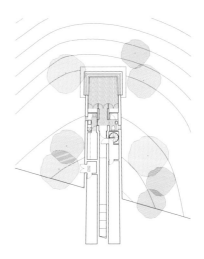

明影片坡州办公楼

京畿道坡州

2013

20世纪初的近代建筑师们将城市的构成要素定义为居住、工作、休闲和交通。明影片的要求就是这样的。于是，该建筑一开始就具备了城市的性质。为了打破以车辆为主的道路系统的局限性，积极接纳坡州出版城的建筑导则所要求设置的内部步行道，将整个体块分成两个部分，拓宽贯穿中间的道路，作为该小城市的主要广场。分开的体块通过桥梁和瞭望台相连，因此可以随时观察广场和道路上发生的事情并做出反应。面临广场的主墙面做成透明的玻璃墙，向外界暴露其内部的行为。内部更加城市化，不同功能的空间之内贯穿着道路，处处有小公园和休息的空间。当然，这一切都与外界发生着紧密的连接，也都是向外界开放的。混凝土本身就是构造材料，同时又是外部的装饰材料。混凝土是非常具有真诚性的材料。设计者的技艺、诚信、对自然条件的尊重和顺应，还有等待出现结果的过程，对我来讲像宗教仪式。混凝土如实地记录着过去的时光，如果你愿意还可以永远地存在下去。既能永远存在，又能时刻变化，这是多么难达到但必须追求的建筑的目标。安德烈·巴赞（Andre Bazin）也说过，电影是将瞬间性时间的客观性定格在时间中的工作。该栋建筑始终作为变化的风景而存在。虽说建筑在大地上拔地而起，但还只是基础设施而已，只有增添生活风景的时候，该基础设施才能成为建筑。建筑不是由建筑师完成的，而是由居住者完成的。就像导演不经意间通过镜头捕捉到的画面出现在电影里一样，体现现实客观性的才是真正的电影，才是真实的建筑。因此，该建筑就是城市，也是电影。

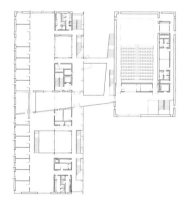

Design Vita 坡州办公楼

京畿道坡州

2014

坡州出版城第一期在形成共同性的过程中，最大的绊脚石是传统道路系统，尽管屡次指出要改善道路系统，但仍然在没有改善的情况下进入了第二期。二期规模与第一期差不多，唯一的区别是电影相关产业参与进来，取名为"书和电影的城市"。属于坡州出版城第二期的此项目，与该城市格格不入的乐天奥特莱斯隔着一条马路。在巨大的商业建筑所掌控的领域，怎样才能让这么小规模的建筑不失去存在感呢？这是最大的课题。

在道路边设置了一道墙体以谋求内部稳定。该墙体虽说是混凝土，但是做成书架式的结构，给路人做出表情。该墙体内设置院子，布置的体块虽说是小规模，但是内容却丰富多彩。有挨着公共院落的咖啡屋、书籍设计的作业空间、展览或集会的空间、形态特别的会议室、温馨的小公园，还有冥想空间。这里的空间都具有不同的明暗条件，空间的形态和大小也各不相同。所有空间都是独立的，各自的能量也不一样，在其中漫步会是非常愉快的体验。虽然是混凝土外墙，但没有要求采用质量好的清水混凝土。只是嘱咐水平和垂直要对准，表面采用普通复合板也行，但一定要尽心尽意。施工的工人尽心尽意施工，其诚意就会展现在表面。用白色颜料轻轻裹住这些表情，那就成为真实。

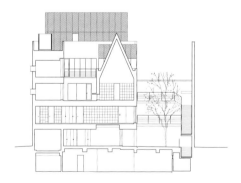

论山住宅

忠清南道论山

2014

项目地块比较宽敞，就位于倾斜的半山腰上，需要解决空间向一侧倾斜，看起来很不稳定的问题。不过，屹立在远处的鸡龙山的轮廓可以在心理上产生平稳感，有助于纠正倾斜的地面，所以决定把远景引进设计中。这样项目的边界就成了鸡龙山，此处我借用了设计晦斋李彦迪的独乐堂时将远山作为宅基地边界的智慧。独乐堂随处可见大大小小的院子。贵族宅邸建造祠堂的时候，一般都会把平地垫高，但是独乐堂的祠堂却建在相同平面上，通过院子套院子的做法突出祠堂领域的特殊性。甚至像溪亭这样美丽的亭子都放在形成院子的墙体的延长线上，可见独乐堂的整体布局是彻底以院子为中心构成的。晦斋先生一贯主张，人只有在独处的时候才能发现真理，也许他就在这样的院子中品味孤独的生活。其围绕的院子产生的另一种效果是使倾向于房屋一侧溪谷的不稳定的地形，具有稳定的空间感。

在这栋房屋里打造那种院子是必修课。于是，有了前院、外院、中院、侧院、后院等众多院子，并建造配楼、厢房、门房、后房等来限定院子。为了避免展开的空间有散漫的感觉，设计着意考量了连接走廊的宽和高以及视觉目标。各自的内部空间采用最简约的坡屋顶形式，避免院子空间的感觉发散出去。再者，坡屋顶聚在一起形成的景观，又符合周边斜坡地形。这里只有空间。

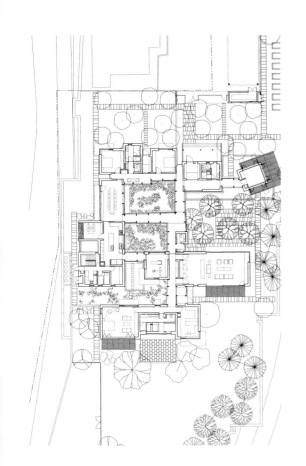

明礼圣地

庆尚南道密阳

2015

此处圣地纪念的是 1866 年"丙寅迫害"时以三十八岁的年龄殉教的申锡福（Marcos, 1828—1866）。申锡福只是倒卖盐和酒曲的一介商贩，但是由于不肯背叛自己的信仰被处死了。这里是他的出生地，1897 年在这里建造了纪念他的天主教堂，但是由于后来发生损毁，1938 年缩小原来的建筑规模重新建造了韩式建筑，这栋建筑现在是地方的历史文化遗产。这片土地原来是洛东江绕流的小丘，后来由于四大江工程，现在周围都成了陆地。周边的风景总有一天会恢复，但现在看起来仍然很平和。这里除了韩式天主教堂之外，还有最近建造的韩屋和几栋建筑，都没有与这片土地的地形背道而驰。韩屋教堂规模小，结构也非常简陋，但是在其承载的历史、事件和时间的重叠下，透着深深的象征性和威严的风貌。在不能撼动这栋小建筑的中心地位的情况下，新建的建筑物具有形态是非常危险的。新建的建筑必须成为特殊的风景，且其特殊性还要带有神圣感。这是不言而喻的前提。我想起了描述斯德哥尔摩森林墓地的词句，圣经般的风景（Biblical Landscape）。这里更应该是圣经的风景。

首先，为了治理整片土地，借用天主教堂的墙上通常都会描述的"十字架之路"，对空间进行了十四处苦路式的处理。利用这片土地上存在过的分布设置苦路，然后将整体连接起来做成十字架的路，以便访客进行巡礼。最后的旅程则利用位于边界的蓄水槽收尾，就可覆盖整个山丘。新建的纪念教堂选址在西侧的斜坡，看似悬崖峭壁上的一处风景。但是，其内部在明亮和黑暗、放松和紧张中给人与众不同的感觉。上面则打造较为宽敞的院子，用于巡礼活动。此外，为了避免平时空着的时候产生散漫的感觉，利用楼梯、栏杆和钟楼营造适当的紧张感。从入口沿着十字架之路，经过纪念圣堂，再踏上这院子的旅程，遭遇很多事件和多彩风景的这条长久的道路，可以说是修道的路程，这样就完成了圣经的风景。因此，道路成了明礼圣地的最重要的主题。

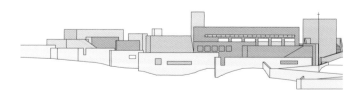

档案   履露斋

履露斋建筑作品年表

年份指设计完成时间；* 指未建成项目

1990	城北洞江社长宅邸，首尔		韩国艺术综合大学总体规划，首尔
	城北洞住宅二期，首尔		圣正大厦，京畿道水原
	中央广场大厦，釜山		泉眼坡州办公楼规划，京畿道坡州 *
	Nada 乡村俱乐部会所规划，京畿道安城 *	2001	大田大学惠化文化馆，大田
1991	垂杨大厦，釜山		长城脚下的公社会所，中国北京八达岭
	丝绸之江乡村俱乐部会所规划，		博鳌蓝色海岸，中国海南省
	忠清北道清州 *		CHA 医院扩建项目，首尔 *
1992	永登第一医院，首尔		百合医院，京畿道金浦
	里门 291，首尔		未来妇产医院，江原道春川
	守拙堂，首尔		东光监理教会，全罗北道益山
1993	大学路文学空间，首尔	2002	Humax 村，京畿道城南
	第一医院不孕研究中心，首尔		Sampyo 办公楼装修，首尔
	第一医院门诊中心翻新，首尔		锁具博物馆，首尔
1994	Dolmaru 天主教堂，忠清南道唐津		Vincentio 诊所，京畿道富川
1995	顺天乡大学图书馆，忠清南道牙山		芦轩，京畿道杨平
	顺天乡大学医院临床研究所，首尔 *		龙华镇住宅小区规划，中国深圳 *
	律动佛堂规划，庆尚北道庆州 *		北京物流港城总体规划，中国北京
	洗利轩住宅，京畿道加平		圉美多乐活学院，忠清北道槐山
1996	尹妇产科医院，京畿道九里		守讷堂，忠清南道牙山
	K2 大厦，首尔		济州 4.3 和平公园规划，济州岛 *
	第二妇产科医院，忠清北道清州	2003	朴医生画廊，京畿道杨平
	MizMedi 医院，首尔		山本第一医院配楼，京畿道军浦
1997	新东方总部大楼，首尔		江东 Miz 女子医院，首尔
	中谷洞天主教堂，首尔		M-City 总体规划，中国北京
	白云监理教教堂，首尔		瑞草洞办公大楼，首尔
	现代高中体育设施规划，首尔 *		大田大学天安韩方医院，忠清南道天安
	山本第一医院主楼，京畿道军浦	2004	江西 MizMedi 医院儿童中心，首尔
	Yoo 剧院，首尔		东山教堂，京畿道安山
1998	守白堂，京畿道南阳州		新沙洞大厦，首尔
	三润大厦翻新，首尔		八判洞住宅，首尔
1999	安阳大学江华校区总体规划，仁川		美丽的店铺京畿中心，京畿道坡州
	坡州出版城，京畿道坡州		书主题公园，京畿道城南
	CHA 医科大学图书馆，京畿道抱川		昌德宫设施整备总体规划，首尔
	Welcomm City，首尔		波美时装精品酒店，济州岛
	三世韩方医院，釜山		马海松文学碑，京畿道坡州
	世和医院，釜山		坡州出版城员工餐厅，京畿道坡州
2000	韩松医院改造，首尔	2005	朝外 SOHO，中国北京

长城脚下的公社二期别墅，中国北京八达岭
乡原监理教堂，江原道铁原
马罗岛生态展馆规划，济州岛 *
国立亚洲文化殿堂国际设计竞赛，光州 *

2006　大将谷居住小区规划，京畿道华城 *
DMZ 和平生命园，江原道麟蹄
九德教堂，釜山
玛利亚医院，首尔
圣满教堂，京畿道富川
恩一高中，首尔
华城历史文化城市，京畿道水原 *
永登浦公共设计示范项目，首尔
阳地居住小区规划，京畿道龙仁 *

2007　曹溪宗传统佛教文化园，忠清南道公州
教保坡州中心，京畿道坡州
匠人办公楼，首尔
现代海上火灾保险公司明洞办公楼，首尔
Raonchae，首尔
Pfefferberg 博物馆规划，德国柏林 *
古根海姆阿布扎比双年展 17 号展馆规划，
　阿联酋阿布扎比 *
金地住宅区规划，中国北京 *
威海住宅区规划，中国威海 *
L Creer，首尔
板桥自然墓地规划，京畿道城南 *
寺院生活体验馆综合信息中心，首尔
行政综合城中心行政区国际设计竞赛，世宗 *
献仁城市开发项目规划，首尔 *

2008　秋史馆，济州岛
北京前门历史风貌区规划，中国北京 *
东滩第一医院，京畿道华城
芝山森林住宅（Waldhaus）总体规划和
　住宅设计，京畿道龙仁
济州和平大公园总体规划，济州岛
大田大学三十周年纪念馆，大田
洛杉矶公寓酒店规划，美国洛杉矶 *
清州中央纯福音教会，忠清北道清州 *

2009　360 度地水花风高尔夫会所，京畿道骊州
某轩，大邱
愚亭，大邱
Arvo Part 音乐厅国际设计竞赛，
　爱沙尼亚塔林 *

申东晔文学馆，忠清南道扶余
绍兴住宅小区总体规划，中国绍兴
Sentul D2 综合体规划，马来西亚吉隆坡 *
韩国科技研究院研究楼环境改善总体规划
　以及 L4 研究楼，首尔
丰南学社，首尔
清凉里洞综合大楼，首尔
京翰办公楼，庆尚北道庆州
卢武铉总统墓址，庆尚南道金海
退村住宅，京畿道光州

2010　提文轩，光州
西桥洞配套生活设施，首尔
济州公园总规划，济州岛 *
庆州大学外语学馆规划，庆尚北道庆州 *
韩国科技研究院北门，首尔
龙仁住宅，京畿道龙仁
五台山自然学习场，江原道平昌
江西 MizMedi 医院新楼，首尔
平度历史文化地区再开发规划，中国
　山东省平度市 *

2011　重庆住宅小区总体规划，中国重庆
奥地利韩人文化会馆，奥地利维也纳
蓝路文化之泉，光州
首尔大学人文楼，首尔
乐天艺术别墅，济州岛
扶余住宅，忠清南道扶余
CHA 医科大学宿舍楼，京畿道抱川
CHA 医科大学药学学院，京畿道抱川

2012　东崇教会私宅，首尔
大邱药令市象征门规划，大邱 *
阳平锁具博物馆规划，京畿道阳平 *
庆州大学甘浦研修院规划，庆尚北道庆州 *
上月台住宅小区，首尔
禹济吉美术馆，光州
清川教会规划，仁川 *
如美地植物园配套设施，济州岛
千户洞产后调理院，首尔
大学路街道景观总体规划，首尔
庆山丧礼文化公园，庆尚北道庆山 *
平度住宅文化馆，中国山东省平度市
CHA 医科大学讲课行政楼，京畿道抱川
龙山公园设计竞赛，首尔

玄庵，庆尚北道军威

2013   三洋化工办公楼，首尔
        大邱特殊金属细川新厂，大邱
        明影片坡州办公楼，京畿道坡州
        率居美术馆，庆尚北道庆州
        茂朱住宅，全罗北道茂朱
        Rium-Medi 医院，大田
        Malibu 住宅，美国洛杉矶
        The Source，美国洛杉矶
        黄山住宅小区，中国安徽省黄山市
        太原万科中心，中国山西省太原市

2014   DMC 综合购物广场，首尔
        时安追悼公园，京畿道光州
        大田大学惠化学院，大田
        晴古堂，京畿道城南
        思根斋，京畿道城南
        论山住宅，忠清南道论山
        甘泉文化村，釜山
        京岩教育文化财团，釜山
        Design Vita 坡州办公楼，京畿道坡州
        景德镇陶溪川项目，中国江西省景德镇

2015   赤道几内亚住宅规划，赤道几内亚蒙戈莫
        明礼圣地，庆尚南道密阳
        铁山坪住宅小区规划，中国重庆
        友邦项目，中国浙江省嘉兴市

履露斋

履露斋来源于中国古典《礼记》，直译过来就是"一间踏着露珠而来的房子"。中国古典文学里的故事原本是这样的：从前有一个穷苦的读书人，独自侍奉着自己的老父亲。每天清晨他都身披大衣去父亲的住所，等待父亲从睡梦中醒来。当父亲出门时，这位读书人就把用自己的体温捂暖的大衣递给父亲。通往父亲住所的路在清晨时分满是晨露，因此履露斋的真正含义可以被解释为一位清贫的读书人的房子。

承孝相

1952年出生，毕业于首尔大学，曾就读于维也纳工业大学。拜金寿根为师并跟随其15年，1989年开创了建筑师事务所履露斋。他是引领韩国建筑界新风气的"4.3小组"成员之一，也曾经为了探索新的建筑教育而参与首尔建筑学校的设立过程。曾任北伦敦大学（现名"伦敦都市大学"）客座教授，曾在首尔大学教学，也在韩国艺术综合大学出讲过。著有《贫者之美》（1996）、《智慧的城市/智慧的建筑》（1999）、《建筑，思维的符号》（2004）、《地文》（2009）、《卢武铉的墓址，为自愿流亡者的风景》（2010）《古老之美》（2012）等著作。他从对主导20世纪的西方文明的批判中出发，提出"贫者之美"主题，并将此放在他建筑创作的中心，目前已荣获"金寿根文化奖""韩国建筑文化大奖"等各种建筑奖项。作为坡州出版城的总设计师，他指挥了崭新的城市建设，因此被美国建筑师协会授予名誉会员的荣誉，并且作为建筑师第一次被选为国立现代美术馆主办的"2002年度艺术家"，并举办了"建筑师承孝相展"。在美国、日本、中国及欧洲各地举办过个人展及团体展，他的建筑领域目前已经延伸到中国及亚洲其他地区、美国、欧洲等地。他对韩国文化艺术的贡献得到韩国政府的肯定，在2007年被授予"大韩民国艺术文化奖"。2008年承孝相出任威尼斯双年展韩国馆策展人，后被选为2011年光州设计双年展总监，2014—2016年担任第一任首尔城市总建筑师。

闵敬植

1957 年生，毕业于首尔大学园林系以及环境研究生院城市设计系。作为金寿根的弟子步入建筑行业，担任过空间综合建筑师事务所（现空间集团）纽约事务所所长，历任纽约 S.O.M（Skidmore, Owings & Merrill）的首席设计师。之后在纽约运营过个人事务所，回到首尔后担任空间综合建筑师事务所的合伙人兼社长，现担任 2008 年成立的北京履露斋的合伙人。美国建筑师协会（AIA）、韩国建筑师协会（KIA）、韩国室内建筑师协会（KOSID）会员。

李东秀

1964 年生，毕业于首尔大学建筑系，1991年加入履露斋，2002 年开始成为首尔履露斋的合伙人。2012 年开始在韩国艺术综合学校授课两年。

金成希

1971 年生，毕业于蔚山大学建筑系，1995年加入履露斋，2012 年成为首尔履露斋的合伙人。

履露斋团队
按入职年度排序，粗体字为 2015 年此书原版出版时的在职员工

Choi Won Young, Kim Hyung Tae, Kim Kyo Jung, Jeong Bo Young, Lee Myung Jin, Kim Seung, Lee Sangjun, Ahn Yongdae, Park Byung Soon, Ahn Young Kyu, Hwang June, Lee Dongwoo, Kim Young Joon, **Lee Dong Soo**, Baek Eun Joo, Chang Yoo Kyung, Kang Dae Suk, Park Jong Youl, Lee Tae Min, Lee Jinhee, Yoo Jaewoo, Choi Sangki, Lee Ki Suk, Lee Hyung Wook, Kim Mihee, Nam Soohyun, Kim Kihwan, Kim Sungho, Ryu Jae Hyuk, **Kim Sung Hee**, Ahn Woo Sung, Park Chang Yul, Chun Young Hoon, Ko Daoouk, Yim Jao Eun, Jang Young Chul, Kang Young Pil, Kim Jong Bok, Chung Daejin, **Yun Jongtae**, Chun Sook Hee, Kim Dae Ho, **Ham Eunah**, Kim Seung Kook, Lee Kitae,

Yang Hyo Jung, Yim Jinwook, Han Taeho, An Jae Hyoung, **Kim Daesun**, Choi Eun Young, Stephan Korn, Simon Guillemoz, Yim Young Mi, Park Won Dong, Sung Sangwoo, Cho Soo Young, Lee Jae Jun, Jung Hyo Won, Chung Kuho, Park Jong Hoon, Won Jungmi, Jo Jinman, Lee Younju, Lee Chul Hwan, Im Joo Ahn, Lee Jihyun, Yum Juhyun, Sung Nayoung, Sim Hyung Keun, Oh Sewon, Jung Su Eun, Choi Won Jun, Cho Jang Eun, You Young Soo, Cho Youn Hee, Chung Sehoon, Lee Jongwon, Ham Ka Kyung, Kim Dong Wook, Kim Younji, Lee Jong Chul, Chung Jongin, Uh Hye Ryung, Park Yang Keum, Chang Hyangmi, Hwang Sunwoo, Son Yong Chan, Kwon Sook Hee, Kim Young Geun, An Jaeyoung, Cha Mijung, Chun Ka Young, Yang Hyun Jun, Lee Chang Min, Park Jooyeon, Kim Sujin, Kwon Ah Joo, Lee Jung Min, Han Junghan, Cha Seung Yeon, Lee Kyoung Jae, Kwon Soonwoo, Park Joo Hee, Lee Moon Ho, Oh Hyogyeong, Kang Hyemi, **Choi Hyeon**, Yoon Kyungsup, Son Nam Young, Lee Donghee, Choi Keun Suk, **Han Guihua**, Kim Yehwon, Jin Youngkwan, Kwak Dong Hyun, Yoon Bohyun, Yoon Gwangjae, Lee Hyae Won, Kim Inhan, Liang Fei, Joo Sung Suk, Fu Xin, Lee Min Jung, **Shin Joongsu**, Kwon Miseon, Kim Tae Beom, Matthew Whittaker Lawrence Charles, Han Sinwook, Cui GuangMing, Sun ZhiJun, **Kim Tae Yong**, **Xu Lianhua**, Kim Kihyun, Go Eunbi, **Lee Wansun**, Choi Joong Churl, Na Kyeong-eun, Min So Jung, Kim Bokyeon, Tian Hui, Kim Seonju, Chu Yoon Jung, Clayton Strange Charles, **Lee Go Eun**, Kim Sehyeon, Kim Zyi Ryong, Winiewicz Filip Rafal, Peng KaiNing, Jung Solmin, **Pyo Ha Rim**, Son Junsik, Kim Sanghyo, **Kim Sunyeop**, Wada Tsuyoshi, Shin Hyunkook, **Lee Kyubin**, Kim Soyeon, Hong Jonghwa, **Kim Kee Won**, **Lee Joong Hyun**, Ahn Youjin, Jang Yujin, **Lee Kye Hyeon**, **Go Il Hwan**, Xu Ying, Dolmans Frederik Willem, Zheng SaiSai, Pei YuFei, Jia Mo, Kwon Soo Jung, Ha Sang Jun, Jung Woo Yeoll, **Oh Eunju**, Jacob Kalmakoff, Shin Yeung, Hwang Hyosung, **Pee Yejun**, **Yoon Soon Hyuk**, **Lee Jaemin**, Robert Joseph James Huges, **Zhao Taihao**, **Lee SeungHee**, **Lee ChangHyun**, Yu Chen, **An JinHo**, **Cha Hye Rhan**, **Lee Sangjun**, Zuo Jianing, **Choi Jiwoo**, **Wu Tongyu**, **Kim Esther Tammy**, **Eom Ki Beom**, **Choi Bora**, **Hwang Namin**, **Hyun Eunsoo**

luminocity.cn

光 明 城

LUMINOCITY

"光明城"是同济大学出
版社城市、建筑、设计专
业出版品牌,由群岛工作
室负责策划及出版,致力
以更新的出版理念、更敏
锐的视角、更积极的态度,
回应今天中国城市、建筑
与设计领域的问题。